Bibliographic information published by the German National Library:

The German National Library lists this publication in the National Bibliography; detailed bibliographic data are available on the Internet at http://dnb.dnb.de .

Imprint:

Print and binding: Books on Demand GmbH, Norderstedt Germany
ISBN: 978-3-668-20107-1

This book at GRIN:

http://www.grin.com/es/e-book/320071/modelizacion-y-simulacion-de-un-sistema-solar-termico-de-agua-caliente

Ney Mauricio Ochoa Barros, M. Santos

Modelización y Simulación de un Sistema Solar Térmico de Agua Caliente Residencial (ACS) para su Implantación Eficiente en Quito (Ecuador)

GRIN Publishing

Modeling and Simulation of a Solar-Thermal System for its Efficient Implementation in Quito (Ecuador)

Modelización y Simulación de un Sistema Solar Térmico de Agua Caliente Residencial (ACS) para su Implantación Eficiente en Quito (Ecuador)

N. Ochoa and M. Santos[1]

[1] N. Ochoa is with the Politecnica Salesiana University, 010150-Cuenca, Ecuador.
M. Santos is with the Department of Computer Architecture and Automatic Control, University Complutense of Madrid, Madrid, 28040-Madrid, Spain.

ÍNDICE

ABSTRACT:

In this paper a solar thermal system has been modeled and simulated in order to be applied to sanitary hot water (ACS). The main goal of this work is to increase the thermal efficiency by a suitable control system of the pump and improving the heat transfer between the absorber plate and the fluid, testing combinations of different mixtures of compounds and percentages of concentration. The model has been validated with real values from Madrid (Spain). On the one hand, the best mixture of fluids of the solar-thermal system has been obtained. Besides, we have performed a cost analysis and prospects of use of the solar collectors in Ecuador to show the feasibility and advantages of this energy system in this Latin-American country. The simulation results of the whole energy system show a way to implement this approach to Quito (Ecuador)

***Keywords*:** Simulation, Solar-thermal system, Photovoltaic Energy, Thermal Efficiency, Fluids, ACS.

I. INTRODUCCIÓN

La radiación solar es la mayor fuente de energía. Se ha estimado que la energía total que absorben la atmósfera, los océanos y los continentes esta alrededor de 100000 TW (1 TW=1012 Watts) y que la demanda global mundial de energía en el 2014 era de 18.18 Tera watts [15].

Respecto a las energías renovables de origen solar, sabemos que la energía solar fotovoltaica ha alcanzado un desarrollo muy significativo a nivel mundial, debido especialmente al incremento de la eficiencia de las células solares, cuyo valor máximo a diciembre del 2014 fue de 25.6% para la tecnología del silicio cristalino [11], y que acaparan la gran mayoría del mercado fotovoltaico actual.

Por otra parte la energía solar térmica, que aprovecha la radicación solar para transferir calor a través de un fluido, tiene aplicaciones muy diversas como: agua caliente sanitaria (ACS), calefacción por suelo radiante, acondicionamiento de aire, producción energía eléctrica usando turbinas, etc. [12].

En lo referente a la energía solar térmica de concentración o termosolar (CSP, por sus siglas en inglés), España sigue siendo el líder mundial en términos de la capacidad existente (2,3 GW) [22]. Cabe destacar que España ha alcanzado la madurez tecnológica y comercial en energía solar térmica a lo largo de los últimos 20 años, fundamentalmente. Es muy importante replicar esas tecnologías de probada utilidad en Latinoamérica, donde la matriz energética en la mayoría de los países, como es el caso del Ecuador, depende sobre todo de hidroeléctricas, derivados del petróleo como del gas licuado de petróleo (GLP), y de motores diésel para la producción de energía.

En el Ecuador, hasta 2014, el sector residencial consumía aproximadamente el 92% de Gas Licuado de Petróleo (GLP). Así el Estado se veía obligado a importar aproximadamente el 80% de la demanda de este combustible. Puesto que el precio de venta al consumidor final ha sido mantenido históricamente bajo, USD 1.6 por el cilindro de 15 kg, el Estado asume un elevado subsidio que alcanza aproximadamente USD 700 millones por año, según fuentes tomadas de la división de energía del Banco Interamericano de Desarrollo [8]. Esta situación genera dependencia de un combustible fósil importado y una considerable salida de divisas al exterior que afecta a la balanza comercial del país.

Aunque el gobierno, a través del Ministerio de Electricidad y Energía Renovable (MEER), ha implementado un programa de eficiencia energética para cocción por inducción, aún no se ha creado una política clara para el uso de colectores solares para calentamiento de agua residencial, lo que ayudaría enormemente a una mejor gestión de los recursos energéticos naturales y un ahorro económico importante para el Estado.

Por lo tanto se hace apremiante el estudio de la implantación de sistemas de calentamiento solar eficientes, especialmente teniendo en cuenta que el Gobierno ha decretado que, a partir de 2017, el cilindro de gas de 15 kg costará entre 15 y 20 dólares. Además la utilización de estas energías renovables abre nuevas oportunidades laborales y de inversión, contribuyendo así al cambio del panorama energético en este país.

La motivación del presente trabajo nace de la necesidad de implementar esta tecnología de una forma eficiente en el Ecuador, para lo que se plantea la elección del fluido calo portador óptimo del sistema termo-solar, teniendo en cuenta las condiciones ambientales del país sudamericano.

Para ello se necesita desarrollar modelos del sistema completo, tanto del recurso solar como del colector y proceso de transferencia del fluido calo-portador, de forma que mediante su simulación se puedan probar distintas composiciones del fluido y seleccionar las óptimas.

En este trabajo se ha realizado un análisis energético y económico de la implantación de sistemas termosolares. Los resultados se han validado con datos reales de Madrid (España) y se ha propuesto su aplicación en Quito (Ecuador).

La estructura del artículo es la siguiente. Tras la introducción con la motivación y los objetivos, en la sección 2 se presenta la modelización y simulación de un colector solar plano. La sección 3 muestra el desarrollo de un modelo de agua caliente sanitaria (ACS) para Madrid, primero con una herramienta comercial que permite dimensionarlo y validarlo, y después con un desarrollo propio que permite introducir parámetros configurables para la optimización del fluido. La sección 4 describe el análisis de los fluidos y mezclas a utilizar para mejorar la eficiencia. En la sección 5 se discuten los resultados. En la sección 6 se presenta la propuesta para la implantación de colectores solares en la región de la Sierra (Ecuador). El artículo termina con las conclusiones.

II. MODELIZACIÓN DE UN COLECTOR SOLAR PLANO

El elemento principal de un sistema solar térmico es el colector solar. En este trabajo se ha optado por el colector de placa plana (CPP), que es el más utilizado [16]. Su función es captar la radiación solar para calentar una superficie absorbedora y obtener un flujo de calor que es transferido a un fluido, conocido generalmente como fluido caloportador [17].

En teoría los colectores solares planos logran aprovechar sólo el 45-60% del flujo total de la radiación solar que incide sobre su superficie [23]. Los CPP son tecnológicamente simples, por lo que su margen de evolución es muy limitado. Por eso en este trabajo se incide en la búsqueda del fluido óptimo como alternativa para incrementar su eficiencia, sin modificar ninguno de sus componentes, bajo unas condiciones específicas.

La conversión de irradiancia solar en energía térmica en el fluido se lleva a cabo a través de tres procesos:

- Conversión de la irradiancia solar en energía térmica en la superficie absorbedora del captador solar.
- Transmisión de la energía térmica almacenada por la placa absorbedora al tubo por el que circula el líquido.
- Transferencia de calor desde el tubo hacia el propio fluido.

El fundamento del funcionamiento del colector solar es la radiación solar, medida como irradiancia, I [W/m²], que incide sobre el plano de apertura del colector. Para una superficie A [m²], se estima la cantidad de radiación solar recibida por el colector como:

$$Q_i = I.A \quad (1)$$

Para realizar una modelización realista se debe considerar que la radiación solar se ve afectada por el índice de distorsión de las nubes [21]. Una parte de esta radiación se refleja hacia el cielo, otra es absorbida por el acristalamiento, y el resto se transmite a través del cristal y llega a la placa. El modelo que utilizamos no analizará el incremento en la tasa de transmisión de la cubierta τ y la tasa de absorción α, pero si se considera la extracción de calor según la cantidad de calor acumulado en el fluido, proceso descrito mediante la siguiente ecuación [5]:

$$Q_u = m.c_p(T_o - T_i) \quad (2)$$

Donde m es el flujo másico del fluido [kg/s]; c_p el calor específico [kJ/kg °C]; T_o la temperatura de salida del fluido [°C], y T_i [°C] la temperatura de entrada del fluido. Se experimentará con fluidos como agua, etilenglicol, H2O IF-97 y R134-A [1].

Para la simulación es necesario analizar su funcionamiento durante las 24 horas del día. Se han escogido días con condiciones extremas para observar de manera más significativa los cambios en las propiedades termodinámicas del fluido, en concreto de los meses de enero y junio, que son el más frío (invierno) y el más caluroso (verano) en un clima mediterráneo como es España. El tiempo de simulación corresponde a un día completo, es decir, 86340 segundos. Los datos generados nos permiten analizar de forma sistemática las pequeñas variaciones en las propiedades de los fluidos.

La simulación del CPP se ha realizado con el modelo cuasi-dinámico [10] que proporciona la herramienta Thermolib V5.03 [24]. Los datos de entrada son la temperatura ambiente e irradiación solar, y se han tomado de PVWatts [20], de NREL (National Renewable Energy Laboratory). A modo de ejemplo en la Figura 1 se muestran esos valores para Madrid, tomados el 2 de enero del 2014. También se ha realizado esta simulación con datos de Quito (Ecuador) para los mismos días de verano e invierno.

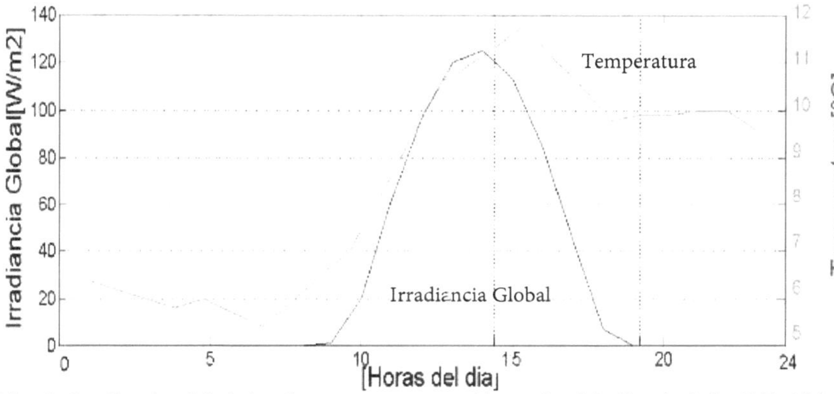

Fig. 1. Irradiancia global (azul) y temperatura ambiente (verde). Facultad de C.C. Físicas, Universidad Complutense de Madrid, España.

En esta figura se observa que el pico de radiación solar (línea azul) se produce alrededor de las 14:20 con un valor de 122 W/m².

III. Modelización y Simulación del Sistema Solar Térmico

En esta sección se han desarrollado modelos y simulaciones con dos aproximaciones diferentes. Por un lado se ha utilizado el software CHEQ4 [6], desarrollado por el Instituto para la Diversificación y Ahorro de la Energía [13], que permite dimensionar un sistema termo solar garantizando el cumplimiento de la normativa respecto a la fracción solar que especifica el Código Técnico de la Edificación en España (CTE) [7]. Esta herramienta utiliza el método f-chart [2].

Por otro lado, con la herramienta Thermolib de Matlab/Simulink [24], se ha implementado el modelo de desarrollo propio del sistema para agua caliente sanitaria (ACS), con el fin de realizar su análisis termodinámico. Se han generado todos los elementos característicos de la instalación: intercambiador de calor, tanque de almacenamiento, válvula mezcladora, bomba, y control PID de la misma.

La simulación realizada en Thermolib (Matlab/Simulink) no tiene el mismo objetivo que la efectuada con CHEQ4 ya que no interesa recalcular los valores de demanda y aportación mensual de energía, sino estudiar el comportamiento del fluido caloportador durante un día completo (24 horas) en condiciones extremas (día de invierno y día de verano). Esto permitirá predecir el origen de fallas en instalaciones reales con el fin de proponer alternativas para mejorar el sistema.

El motivo de usar esa librería de Matlab es que, tras realizar un estudio del estado del arte de librerías de simulación termodinámicas de fluidos -que permitieran la modificación de las propiedades del mismo-, se ha comprobado que son muy limitadas. Por ejemplo, CoolProp 4.0 [3], con hasta 110 fluidos distintos, es la única 'open source' o de código abierto, pero sin la posibilidad de realizar mezclas. Otras librerías desarrolladas para sistemas térmicos son REFPROP [19], desarrollado por National Institutes of Standards and Technology (NIST), que cuenta con 127 fluidos, y EES [18], con 88 fluidos. Estas dos últimas tienen capacidad de realizar mezclas pero sin permitir modificar el código.

Como nuestro objetivo es desarrollar modelos para la predicción de las propiedades termodinámicas de líquidos en estado puro y en mezclas, hemos seleccionado Thermolib V5.03 [24], que cuenta con 20 fluidos y gases, capacidad de realizar mezclas, y al ser de código abierto permite crear y modificar las propiedades de los fluidos y por lo tanto realizar la investigación.

A. Simulación del Sistema ACS mediante CHEQ4

El software CHEQ4 permite simular una instalación para agua caliente sanitaria (ACS), introduciendo algunos parámetros que en nuestro caso son los siguientes:

- **Localización:** Terraza del edificio de la facultad de CC. Físicas de la Universidad Complutense de Madrid, España.
- **Configuración:** Consumo único con acumulador solar, intercambiador interno, válvula termostática y sistema auxiliar.
- **Demanda:** Vivienda con 8 personas, con una demanda total de 224 l/día a 60°C.
- **Campo de colectores:** Se han considerado 3 colectores solares en serie, con un porcentaje de pérdidas por sombras de 10%, orientación 30°C sur-este, inclinación 41°, área de captadores 6.44 m^2.

Con estos datos de Madrid, en la figura 2 se presentan los resultados del dimensionamiento obtenidos por CHEQ4. De las cuatro curvas mostradas, las líneas morada y roja corresponden a la fracción y aportación solar, respectivamente. Se observa que la fracción solar alcanza los valores más altos, aproximadamente del 53%, en los meses de julio y agosto.

Las otras dos curvas corresponden a la demanda bruta y el consumo auxiliar, en [kWh], líneas azul y verde, respectivamente. Se puede ver que la demanda de energía alcanza los valores más bajos, 380 [kWh], para los mismos meses de julio y agosto. En los meses de mayor aportación solar la demanda de ACS es la menor en el año debido a que, en verano, los habitantes de esas viviendas viajan y, por otra parte, al elevarse la temperatura del agua de la red muchos usuarios optan por utilizarla directamente sin calentarla más.

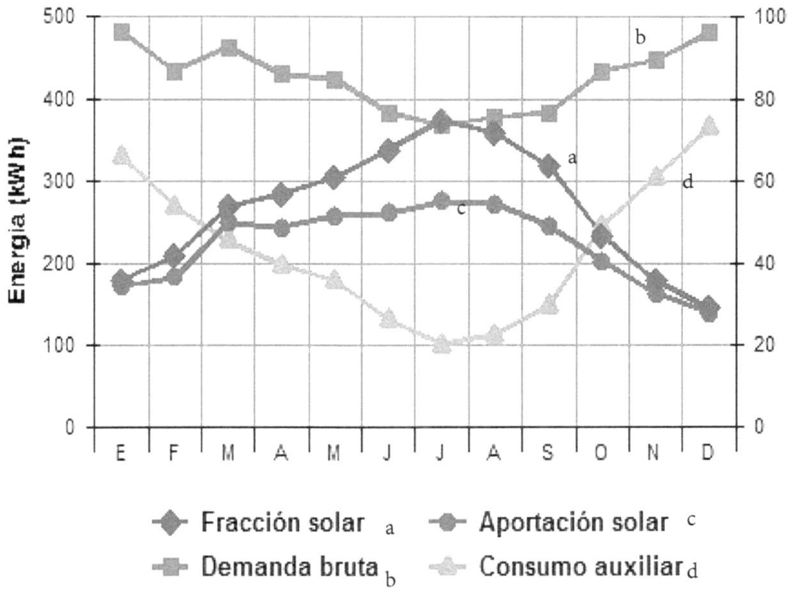

Fig. 2. Resultados de la simulación con CHEQ4 de la instalación solar térmica en Madrid, España.

Los resultados de esta simulación nos proporcionan los valores adecuados y realistas de los parámetros para crear nuestro modelo en Matlab, de forma que se cumplan los requerimientos de contribución solar mínima exigida por el Documento Básico HE: Ahorro de Energía, en España [9].

B. Modelización del Sistema ACS mediante Thermolib

Para la simulación del colector de placa plana se ha usado el componente 'Solar Collector' de Thermolib V5.03, introduciendo valores de irradiancia solar y temperatura ambiente para Madrid (España), que será tomada como referencia, y para Quito (Ecuador). Se han dado a los parámetros del CPP los valores obtenidos en la simulación con CHEQ4.

En la figura 3 se muestran los elementos que forman el sistema, donde se puede ver el colector solar conectado al intercambiador de calor NTU. Este intercambiador tiene dos entradas: el agua de la red y el fluido caloportador que sale del CPP. Sus salidas son al tanque de almacenamiento y a la bomba de recirculación del circuito principal.

El tanque de almacenamiento está conectado a un bloque “Mixer”, donde se mezcla el agua de la red y el agua precalentada en el tanque. A la salida de este módulo se obtiene el agua para su utilización.

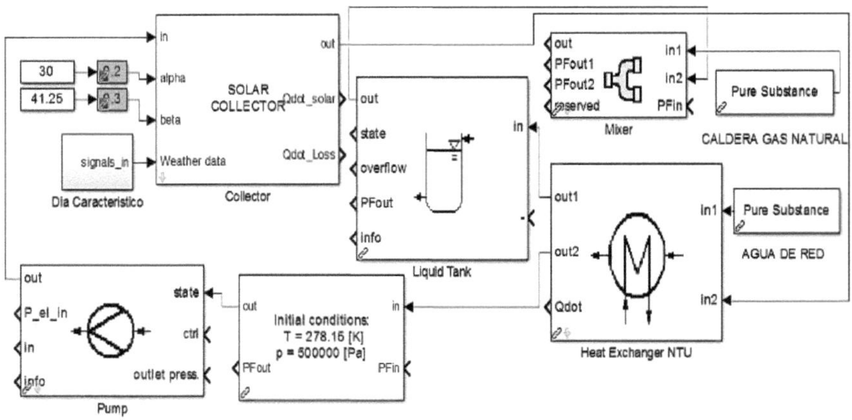

Figura 3. Esquema del modelo de ACS desarrollado en Matlab/Simulink

Los valores de los parámetros de configuración del sistema son:

- **Intercambiador de calor**: flujo a contracorriente.
- **Tanque de almacenamiento**: se supone adiabático. La masa inicial del depósito es de 442,500 Kg y la temperatura inicial la define el usuario.
- **Mezclador**: el agua en el tanque de almacenamiento está a temperaturas inferiores a 40°C, por lo que se necesita un protocolo que garantice la eliminación de la legionela, sabiendo que ésta es neutralizada a los 60°C y su eliminación completa se produce a los 70°C. Este mezclador termostático se instala para garantizar el suministro de agua a una temperatura prefijada de 70°C, eliminando así esta bacteria.
- **Bomba**: aumenta la presión del fluido a un valor prefijado.
- **Control de la bomba**: El sistema de control de la bomba [4] viene regulado por un controlador PID, que calcula el valor del actuador (*u*), que es el caudal de fluido de salida hacia la bomba, en función del error entre el valor medido de temperatura del fluido caloportador (*y*) y un valor de referencia (*r*) fijado a 28ºC, lo que quiere decir que el caudal de bombeo incrementará

progresivamente de 2 l/min a 2.6 l/min cuando la temperatura del fluido sobrepase los 28°C en la hora pico, como se puede observar más adelante en la figura 6.

Para controlar el flujo de la bomba tomando como referencia la radiación solar se usa la entrada 'enable', que activara la bomba siempre que el valor de radiación solar sea mayor a 20 W/m²; caso contrario se desactiva la bomba reduciendo el caudal.

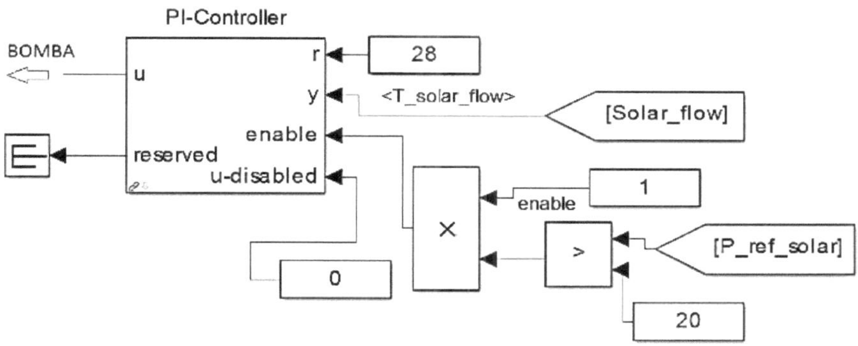

Fig. 4. Control PID de la bomba de flujo

C. Validación del modelo desarrollado en Matlab

En primer lugar se va a validar el modelo de colector solar mediante la comparación de la eficiencia obtenida en la simulación y la curva de eficiencia real del fabricante del modelo de CPP C2.5SOL [25].

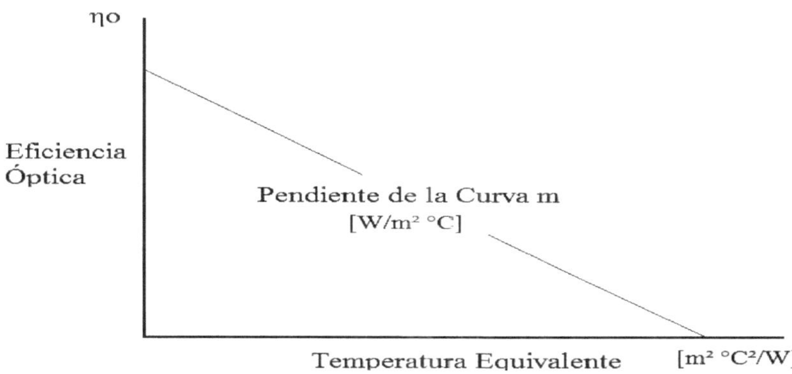

Figura 5. Curva de rendimiento de un colector solar.

En la figura 5 se observa la curva de rendimiento del colector solar, que está definida por los parámetros: ηo, rendimiento óptico del colector, también conocido como $\tau\alpha$, que representa el corte con el eje de ordenadas; *m*, dado por la pendiente de la curva de eficiencia, que en términos físicos es igual al coeficiente global de pérdidas dividido por el área de captación, y la temperatura equivalente que se define con el corte con el eje de abscisas.

Los parámetros característicos del modelo C2.5SOL se muestran en la Tabla 1.

Tabla 1. Rendimiento térmico del CPP C2.5SOL [25]

Parámetros C2.5SOL	Unidad	Valor
Eficiencia óptica ηo	[adim.]	0.72
Pendiente de la curva *m*	[W/m² °C]	3.35

Para comparar, como se ha dicho, la eficiencia real y la obtenida en la simulación se han tomado los datos de radiación solar y temperatura ambiente para la ciudad de Madrid, el 2 de enero (invierno) a las 14:00, y el 2 de junio (verano) a las 9:00 hora local, del año 2014 (Tabla 2). La temperatura ambiente es un factor definitivo al evaluar la eficiencia de un colector solar.

Tabla 2. Datos de entrada al CPP para Madrid, España.

Parámetros CPP	Unidades	2 Enerc	2 Junio
Temperatura entrada	[°C]	18.57	23.85
Temperatura salida	[°C]	27.88	35
Irradiancia solar	[W/m²]	125	125
Temperatura ambiente	[°C]	10.90	13
Flujo de agua	[Kg/s]	0.042	0.033
Calor específico de agua	[J/kg°C]	4185	4185
Área captación	[m²]	2.34	2.34
Temperatura equivalente	[m² °C²/W]	0.13	0.14

Los otros datos necesarios para la simulación también se muestran en la Tabla 2. Cabe destacar que se debe considerar el caudal del fluido en el momento de la prueba, debido a que el sistema de control de la bomba varía el flujo dependiendo de la temperatura del fluido en el circuito primario. Para el caso del 2 de junio, 09:00 horas, el caudal era de 2 l/min o un flujo másico de 0.033 kg/s (considerando la densidad del agua 1000 kg/m^3), y para el 2 de enero el flujo másico era de 0.042 Kg/s. En la Figura 6 se muestra la variación del caudal a lo largo del día.

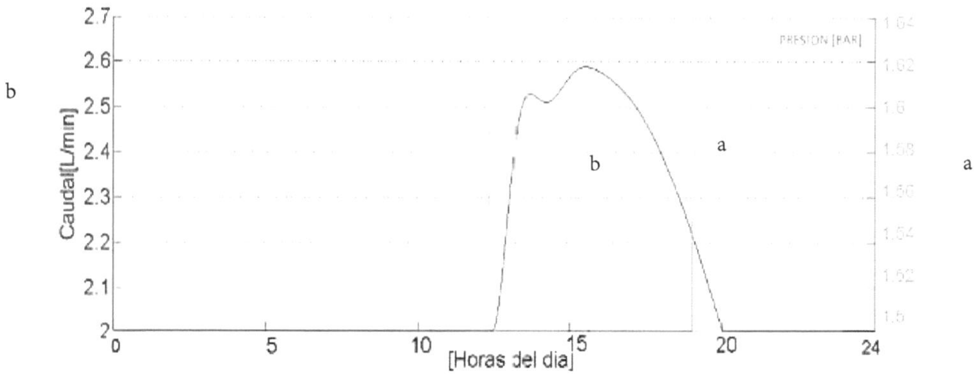

Fig. 6. Variación del caudal (azul) y presión (verde). Madrid, 2 Junio del 2014.

Los resultados se muestran en la Tabla 3. Se puede observar que la eficiencia simulada (0.56 y 0.53) es muy cercana a la real (0.52 y 0.43), por lo que se puede considerar válido este modelo.

Por otro lado, según los valores obtenidos la eficiencia real del colector solar es del 52 % en invierno y disminuye al 43% en verano, para las mismas condiciones de irradiancia (125 W/m²), lo que muestra la fuerte dependencia estacional con la temperatura. Esto es debido a que en verano el fluido caloportador no presenta un elevado salto térmico entre las temperaturas de entrada y salida del colector solar en la hora del análisis.

Sabemos que el área de captación A (m^2) es constante, por lo que el coeficiente global de pérdidas U_L (W/°C) es directamente proporcional a la pendiente m (W/°C.m^2) de la curva de eficiencia del colector (3).

$$m = \frac{U_L}{A} \tag{3}$$

En otras palabras, la simulación muestra que el colector solar es más eficiente en invierno, bajo las mismas condiciones de irradiancia solar, de acuerdo a lo que cabría esperar (Figura 7).

Tabla 3. Eficiencia del CPP real y simulado

Resultados	Unidades	2 Enero	2 Junio
Eficiencia real η	Adimensional	0.52	0.43
Pendiente real m	Adimensional	3.35	3.35
Eficiencia de simulación η	Adimensional	0.56	0.53
Pendiente de simulación m	Adimensional	5.94	5.31

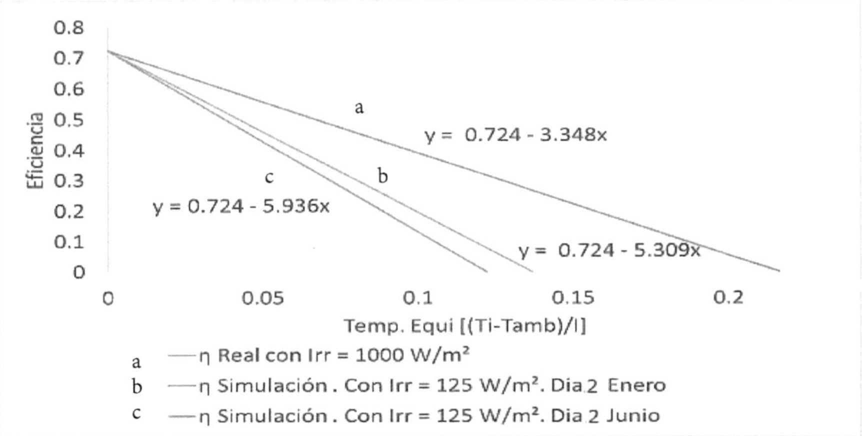

Fig. 7. Análisis de la eficiencia real y simulada para el colector solar C2.5SOL en diferentes días (Madrid, España).

IV. ANÁLISIS DE FLUIDOS Y MEZCLAS

Una de las principales aportaciones de este trabajo es el estudio de distintos fluidos caloportadores para mejorar la eficiencia del sistema termo-solar.

En la Figura 8 se muestra la simulación de la temperatura del fluido caloportador para los cuatro líquidos más usados en la industria: agua, etilenglicol, H2O IF-97 y R134-A. Se ha supuesto que cada uno de estos compuestos es puro, es decir, sin mezclar con agua, lo que no sucede en la realidad debido a su elevado coste. Se podría utilizar estos compuestos con concentración al 100% para aplicaciones industriales de centrales termo-solares donde el coste-beneficio de su utilización sea rentable.

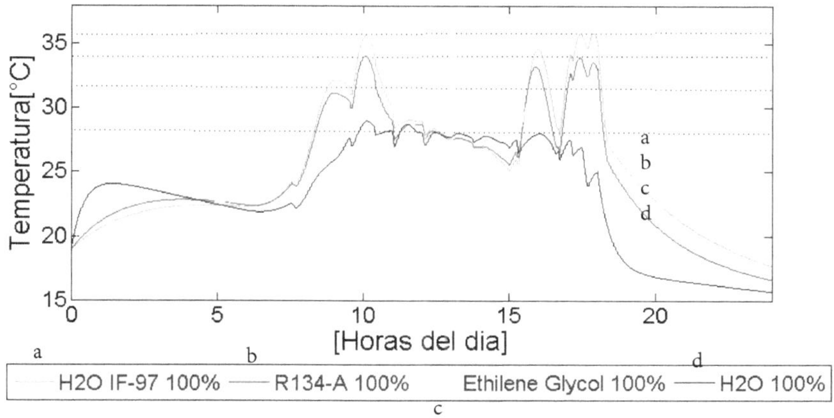

Fig. 8. Temperaturas de salida del colector, con concentraciones de pureza al 100% de distintos fluidos.

Se observa que los mejores transmisores de calor son el H2O IF-97 y el R134-A líquido, pero no son utilizados en aplicaciones domésticas debido a su alto coste.

Tras un análisis exhaustivo coste-beneficio de los cuatro fluidos y de sus mezclas con agua concluimos que, para la aplicación de un sistema termosolar a ACS, la mezcla agua-etilenglicol es la más ventajosa desde el punto de vista técnico y económico.

Para mejorar la eficiencia, con un coste bajo, se han probado mezclas de agua y de etilenglicol, empezando con agua pura e incrementando el 10% de etilenglicol en cada prueba. Se ha podido observar que a partir de la mezcla de agua al 70% y etilenglicol al 30%, si se sigue aumentando la cantidad de etilenglicol, la ganancia va siendo despreciable (Figura 9).

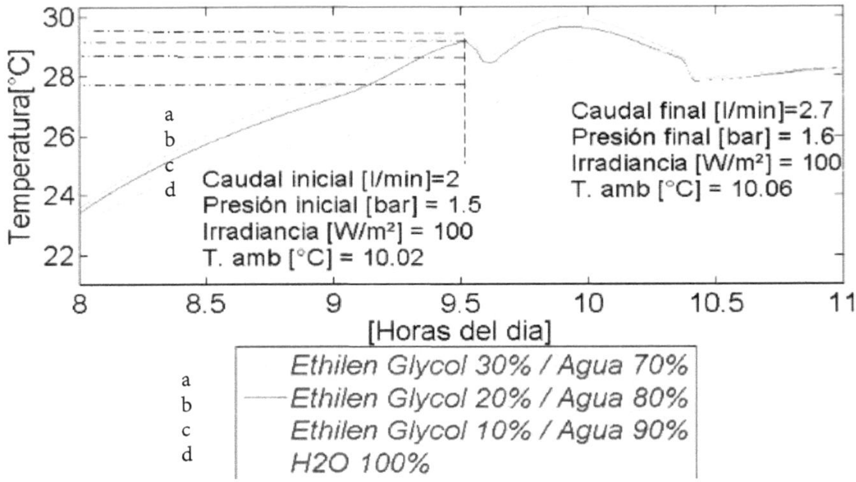

Fig. 9. Temperaturas de salida del colector para etilenglicol, con diferentes porcentajes de concentración.

A la vista de los resultados se puede concluir que para mejorar la eficiencia del colector solar en condiciones de media-alta nubosidad, y generalizando para todo el año en la región de la Sierra (Ecuador), se recomienda usar como fluido caloportador una mezcla de agua al 70% y etilenglicol al 30%. Como se ha dicho anteriormente, a partir de ese valor no se generan ganancias térmicas relevantes. De esta forma se incrementa el rendimiento de los colectores solares sin apenas incrementar su coste.

Actualmente los fluidos que presentan mejores propiedades de trasmisión de calor son algunos nanofluidos como la alúmina y mezclas con nanotubos de carbono, pero aún no han llegado a la etapa de comercialización debido a sus altos costes [26].

V. Discusión de resultados

Una vez validado el modelo del CPP y del sistema ACS que hemos desarrollado en Matlab, se van a introducir variables atmosféricas como la irradiancia solar y la temperatura ambiente para las ciudades de Madrid y Quito.

Las siguientes simulaciones muestran la evolución de temperatura del fluido caloportador en diferentes puntos del sistema ACS, para diferentes días y latitudes geográficas. Se analizarán 4 variables del fluido: temperatura de entrada y salida del colector solar, temperatura del fluido en el tanque de almacenamiento, y temperatura del fluido para consumo.

A. Resultados para Madrid (España)

En primer lugar se estudia el comportamiento del CPP y sistema ACS para un día típico de invierno en Madrid (España), con latitud 40.45°, longitud 3.55°, y a una altura de 582 m.s.n.m.

En la Figura 10 se observa que el pico más alto de temperatura del fluido a la salida del colector es de 28.39 °C y tiene lugar el 2 de enero a las 09:30 h. Cabe destacar que el sistema de precalentamiento eléctrico del agua de red que ingresa al colector solar sólo está encendido de 00:00 a 08:00, cuando no se dispone de radiación solar.

Se puede observar también que el pico de temperatura del fluido a la salida del colector (línea roja) no es al medio día solar. Esto es debido al sistema de control, que aumenta el caudal cuando la temperatura medida es de 28°C y el sensor de irradiancia solar marca 20 W/m². Además se muestra que la temperatura del tanque de almacenamiento (línea amarilla) tiene la misma tendencia que la temperatura del fluido de consumo (línea celeste). El gradiente de temperatura entre dos puntos de estas líneas representa el salto térmico que deberá aportar el sistema auxiliar de caldera de gas.

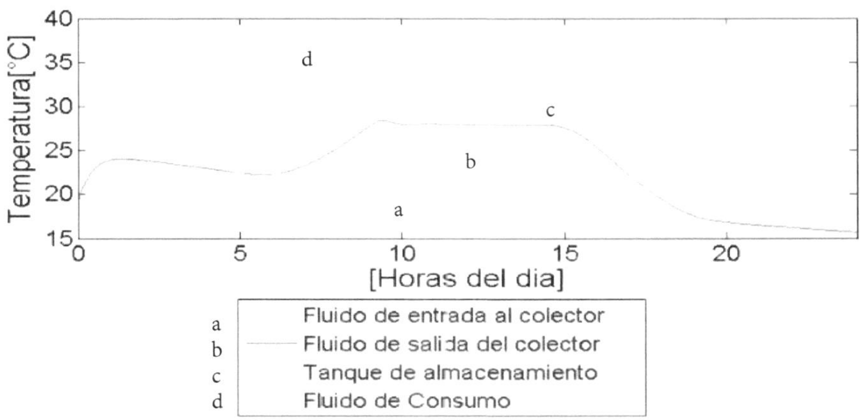

Fig. 10. Temperaturas del fluido en el sistema solar ACS para Madrid, 2 de enero del 2014.

En un día de invierno, debido al bajo nivel de radiación solar, la temperatura máxima del fluido en el tanque de almacenamiento es de 22°C, lo que requiere un mayor aporte de energía por parte del sistema auxiliar.

La figura 11 muestra los resultados para un día de verano en Madrid. Hay dos picos de temperatura del fluido de salida del colector (línea roja): el primero alrededor de las 08:50 h y el segundo a las 16:45 h. Para proteger el sistema se ha diseñado un sistema de control que permite controlar el sobrecalentamiento aumentando el caudal del fluido cuando la temperatura del líquido supera los 28°C y la irradiancia solar es mayor a 20 W/m².

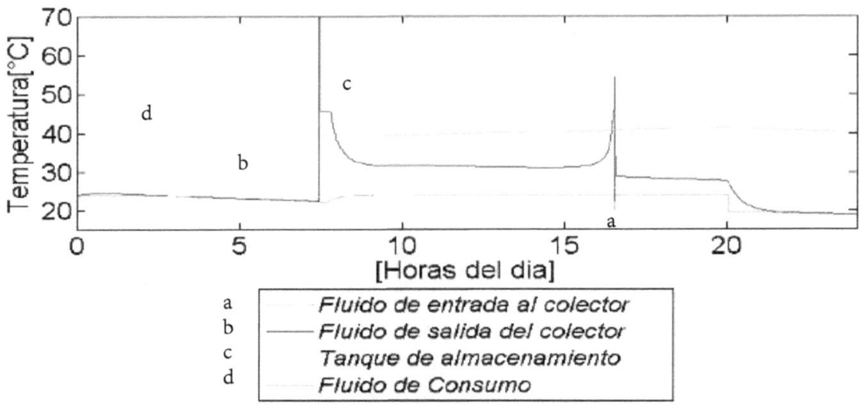

Fig. 11. Temperaturas del fluido en el sistema solar ACS para Madrid, 2 de junio del 2014.

De nuevo la temperatura del tanque de almacenamiento (línea amarilla) tiene la misma tendencia que la temperatura del fluido de consumo (línea celeste); el gradiente de temperatura entre dos puntos de estas líneas representa el salto térmico que deberá aportar el sistema auxiliar de caldera de gas.

Por último se observa la temperatura de entrada al colector (línea verde), que se logra mantener constante debido al calentamiento eléctrico y el intercambiador de calor en el tanque de almacenamiento. En un día de verano, debido al alto nivel de radiación solar, la temperatura máxima del fluido en el tanque de almacenamiento es de 26°C.

B. Resultados para Quito (Ecuador)

En Ecuador se recibe los rayos solares en forma perpendicular y eso supone una ventaja para el montaje de los sistemas solares térmicos ya que no necesitan una inclinación específica, sólo la necesaria para evitar acumulación de suciedad. Pero tiene la desventaja de que la radiación solar se ve atenuada por las frecuentes lluvias.

El mismo análisis mostrado para Madrid se realizó para la ciudad de Quito (Ecuador), con latitud 0°, longitud 78°, y a una altura de 2600 m.s.n.m. En este caso para un día de abril (invierno). Las condiciones de entrada (irradiancia global y temperatura ambiente) se muestran en la Figura 12.

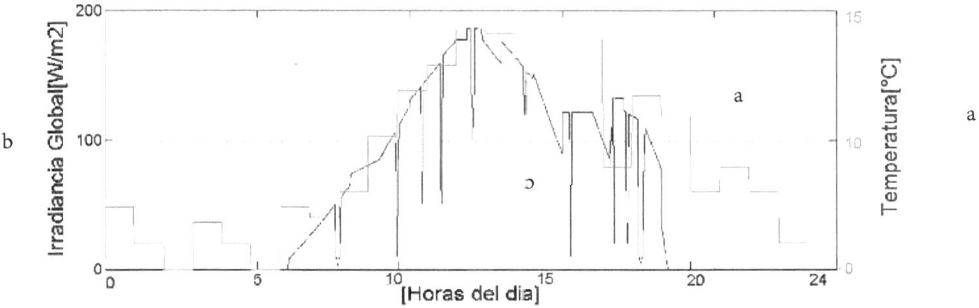

Fig. 12. Irradiancia global y temperatura ambiente, con cielo nublado, para Quito, 2 de abril del 2014.

Se puede observar en esta figura la distorsión de la curva de irradiancia global debido al alto grado de nubosidad de este día. Una vez introducidos estos datos en el modelo se obtienen los siguientes resultados de la simulación (Figura 13).

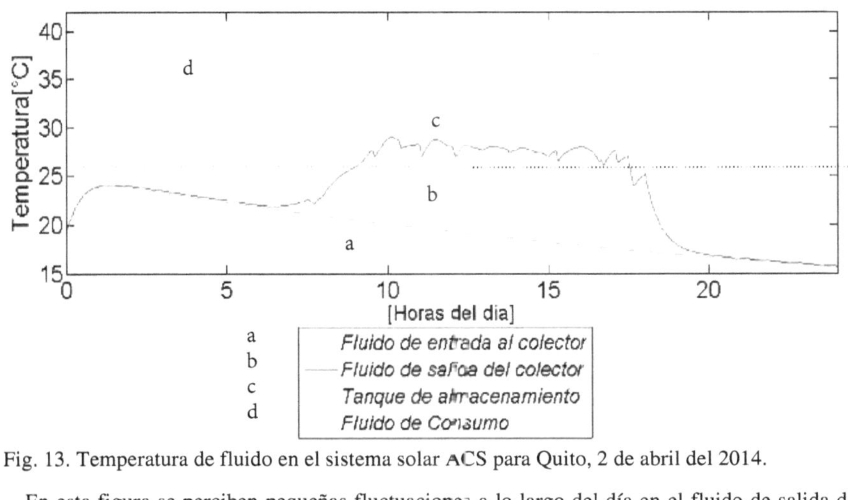

Fig. 13. Temperatura de fluido en el sistema solar ACS para Quito, 2 de abril del 2014.

En esta figura se perciben pequeñas fluctuaciones a lo largo del día en el fluido de salida del colector (línea roja). Esto se debe a la presencia de nubosidad y lluvias ligeras que hacen que el aporte solar no logre calentar el fluido por encima de los 28°C. La temperatura de entrada al colector (línea verde) se mantiene constante debido al calentamiento eléctrico en el tanque de almacenamiento. En un día nublado, con baja radiación solar, la temperatura máxima del fluido en el tanque de almacenamiento es de 22°C.

La temperatura del fluido caloportador no supera los 29 °C. Comparando este valor con el del día 2 de enero del 2014 en Madrid, bajo la misma irradiancia de 125 W/m², tenemos que la ganancia de energía calórica en el fluido es menor para el colector solar en Quito.

VI. Propuesta Para La Implantación De Colectores Solares En La Sierra-Ecuador

Al realizar la simulación (Figura 12) para la ciudad de Quito observamos que para el mes de abril se presentan condiciones atmosféricas muy desfavorables para el aprovechamiento solar: la irradiancia generalmente no sobrepasa los 200 W/m² para días nublados. En Ecuador los meses de abril, mayo y diciembre se caracterizan por lluvias y nubosidad, por lo que es importante mejorar la eficiencia de los colectores solares, especialmente para estos meses donde la radiación solar es baja, mediante la propuesta de usar la mezcla de agua (70%) y etilenglicol (30%) como fluido caloportador.

A. Análisis de Costes y Perspectivas de uso de ACS en Ecuador

Durante el desarrollo de la presente investigación se ha evaluado la parte técnica de los colectores solares térmicos y sistemas de ACS, pero se necesita saber si esta tecnología es viable económicamente en el Ecuador para poder plantear una posible sustitución de lo que actualmente se utiliza. Para eso se han estudiado los tres sistemas que están disponibles en ese país para suministrar agua caliente sanitaria: GLP, ducha eléctrica, y colector solar.

Un análisis de los datos de consumo energético y costes proporcionados por Banco Central del Ecuador y el Sistema Nacional de Información (SNI) ha permitido elaborar la Tabla 4, en la que se compara el coste del suministro de agua caliente sanitaria en un periodo de 8 años para los tres sistemas en cuestión [14].

TABLA 4. Coste (USD) del suministro de ACS

Coste	GLP	DUCHA ELÉCTRICA	CPP
Instalación y montaje	1800	320	2500
Suministro de energía eléctrica	1567	432	813
Coste total	3367	752	3313

La tabla 4 muestra que, en términos económicos, la ducha eléctrica es la más viable. Cabe destacar que la población de nivel medio-bajo de este país es la que más adquiere este tipo de sistema para ACS, por sus bajos costes de adquisición y del suministro de electricidad. Pero desde el punto de vista técnico este tipo de suministro de energía es el más ineficiente. Esto es debido a que el uso de duchas eléctricas eleva el consumo eléctrico en las horas pico, generando una sobredemanda en el sistema eléctrico nacional, afectado ya por el creciente uso de cocinas de inducción.

La tabla 4 muestra además como la tecnología del GLP y CPP se igualan en costes en un periodo de 8 años. En otras palabras, los colectores solares empiezan a ser competitivos económicamente a largo plazo.

La desventaja de una posible implantación de CPP es su elevado coste de inversión inicial para el usuario. Hipotéticamente, si se lograra implantar su uso y reemplazar la ducha eléctrica, el Estado Ecuatoriano tendría un ahorro en pago de subsidios por suministro eléctrico de más de USD 20 millones anuales. En efecto, el pago anual del Estado por subsidio de la ducha eléctrica sería de 46.861 y el del CPP de 23.7 (USD millones) [14]. Para calcular el ahorro del Estado por pago de subsidio de la electricidad restamos a los pagos en subsidios anuales, USD 46.861, los 23.7 millones, lo que da una cantidad de USD 23.161 millones de ahorro anual.

Está claro que el coste de inversión de 2.500 USD para un sistema de colectores solares no lo podrán pagar los deciles de población media y baja, debido a su bajo poder adquisitivo. Por eso, para que la tecnología solar térmica se implante en el Ecuador, el Estado debería impulsar su uso mediante una normativa en el código de la edificación para los nuevos proyectos inmobiliarios, edificios estatales, hoteles y recintos con altas demandas energéticas, siguiendo el ejemplo de España, Alemania y otros países de la Unión Europea.

VII. Conclusiones

En este trabajo se ha modelado y simulado un sistema completo de ACS para analizar su posible implantación en Ecuador. El modelo se ha dimensionado con una herramienta comercial, para que fuera realista, y se ha validado con datos reales de Madrid.

Se ha llegado a la conclusión de que, dadas las características de localización del Ecuador, su radiación solar, estacionalidad, etc., para mejorar la eficiencia de un sistema térmico-solar se debe utilizar mezclas de fluidos calo-portadores. En concreto se han analizado cuatro de ellos, con distintos porcentajes, obteniéndose que la mezcla óptima sería la combinación de agua al 70% y etilenglicol al 30%.

Otro resultado obtenido es que para el diseño de instalaciones solares térmicas no se debería aplicar el concepto de independencia de aporte solar ya que así se están sobredimensionando los sistemas, ocasionando sobrecalentamientos en verano o en tiempos de desocupación. Según el estudio realizado en este artículo se debería diseñar una instalación ACS con el concepto de aportación solar mínima, es decir, con el mínimo número de colectores solares que exija el CTE (Código Técnico de la Edificación). También se ha obtenido que sería ventajoso diseñar los colectores con un área de captación menor a la obtenida por métodos como el f-chart.

Aun así, dado que el sobrecalentamiento es inevitable en verano debido al aumento de la temperatura, causando deterioro en los elementos del sistema, un correcto sistema de control de la bomba de impulsión mejoraría este aspecto. Este regulador de la bomba deberá variar el caudal del fluido caloportador dependiendo de su temperatura y del nivel de radiación solar y, lo más importante, ejecutar medidas para temporadas de desocupación.

Por último se ha hecho un análisis económico de la inversión que supondría implantar este sistema de energía térmico-solar para la demanda de ACS. El Estado Ecuatoriano tendría un ahorro anual por pago de subsidio a la electricidad de más de 23 millones de dólares al dejar de consumir electricidad con duchas eléctricas.

El gran inconveniente de los sistemas térmicos solares son sus elevados costes de instalación. Por eso, para que la tecnología solar térmica tenga una amplia implantación en el Ecuador, el Estado debería impulsar su uso mediante un código técnico de edificación, eliminación estratégica de subsidios a la electricidad y GLP, políticas de importación de paneles solares libres de aranceles, e incentivos económicos para usuarios que usen energías renovables.

VIII. REFERENCIAS

[1] Agostini, B., Watel, B., Bontemps, A., & Thonon, B. (2002). Friction factor and heat transfer coefficient of R134A liquid flow in mini channels. Applied Thermal Engineering, 22(16), 1821-1834.

[2] Beckman, W. A., Klein, S. A., & Duffie, J. A. (1977). Solar heating design by the f-chart method. NASASTI/Recon Technical Report A, 78, 31071.

[3] Bell, I. H., Wronski, J., Quoilin, S., & Lemort, V. (2014). Pure and pseudo-pure fluid thermophysical property evaluation and the open-source thermophysical property library Coolprop. Industrial & engineering chemistry research, 53(6), 2498-2508.

[4] Bordons, C., Garcia-Torres, F., & Valverde, L. (2015). Optimal Energy Management for Renewable Energy Microgrids. Revista Iberoamericana de Automatica e Informatica Industrial, 12(2), 117-132.

[5] Budihardjo, I., & Morrison, G. L. (2009). Performance of water-in-glass evacuated tube solar water heaters. Solar Energy, 83(1), 49-56.

[6] CHEQ 4 (2016) http://cheq4.idae.es/

[7] Código Técnico de la edificación CTE (2016). Capítulos 1, 2 y 3. http://www.fomento.gob.es/NR/rdonlyres/8CB5FB16-D107-4077-952E01A60ED46AD3/95702/2.pdf

[8] Cuevas, H. (2016). Anexo al Programa de Reforzamiento del Sistema Nacional de Distribución Eléctrica del Ecuador EC-L1136. Componente Gas Licuado a Presión (GLP). Banco Interamericano de Desarrollo. www.iadb.org/Document.cfm?id=38699465

[9] Documento Básico HE. Ahorro de Energía (2013). Anexos 1, 2 y 4. http://www.apabcn.cat/Documentacio/areatecnica/legislacio/CTE_DB_HE.pdf. BOE 12/09/2013 con corrección de errores del BCE del 08/11/2013

[10] Fischer, S., Heidemann, W., Müller-Steinhagen, H., Perers, B., Bergquist, P., & Hellström, B. (2004). Collector test method under cuasi-dynamic conditions according to the European Standard EN 12975-2. Solar Energy, 76(1), (pp 117-123).

[11] Green, M. A., Emery, K., Hishikawa, Y., Warta, W., & Dunlop, E. D. (2015). Solar cell efficiency tables (Version 45). Progress in photovoltaics: research and applications, 23(1), 1-9.

[12] Hernández, O. U., Martin, J. P. S., Garcia-Alegre, M. C., Santos, M., & Guinea, D. (2015). Smart Building: Decision Making Architecture for Thermal Energy Management. Sensors, 15(11), 27543-27568.

[13] IDAE, Instituto para la Diversificación y Ahorro de la Energía (2016). http://dl.idae.es/Publicaciones/10374_Energia_solar_termica_A2006.pdf

[14] INEC (2016). Instituto Ecuatoriano de Población y Censos. Indicador de Hogar y Vivienda. http://www.ecuadorencifras.gob.ec/vdatos-ecv/

[15] International Energy Agency. (2007). Key world energy statistics. International Energy Agency.

[16] Juuso, E. K. (2012). Optimization of energy collection in a solar power plant. 001251218, University of Oulu, Finland. http://www.os is/gogn/Skyrslur/OS-2012/OS-2012-06/OS-2012-06-02.pdf

[17] Kalogirou, S. A. (2013). Solar energy engineering: processes and systems. Academic Press, pp 122-123.

[18] Klein, S. A., & Alvarado, F. L. (2002). Engineering equation solver. F-Chart Software, Madison, WI.

[19] Lemmon, E., Huber, M., and McLinden, M. (2013) NIST Standard Reference Database 23: Reference Fluid Thermodynamic and Transport Properties-REFPROP, Version 9.1.

[20] Marion, B., & Anderberg, M. (2000, June). PVWATTS-an online performance calculator for grid-connected PV systems. In Proceedings of the Solar Conference (pp. 119-124). AMERICAN SOLAR ENERGY SOCIETY. http://pvwatts.nrel.gov/pvwatts.php

[21] Mikati, M., Santos, M., & Armenta, C. (2012). Modelado y Simulación de un Sistema Conjunto de Energía Solar y Eólica para Analizar su Dependencia de la Red Eléctrica. Revista Iberoamericana de Automática e Informática Industrial, 9(3), 267-281.

[22] REVE (Revista Eólica y del Vehículo Eléctrico) (2014) Récord mundial de energías renovables en 2014, España lidera termosolar. http://www.evwind.com/2015/06/18/record-mundial-de-energias-renovables-en-2014-espana-lidera-termosolar/

[23] Struckmann, F. (2008). Analysis of a flat-plate solar collector. Project Report 2008 MVK160 Heat and Mass Transport May 08, 2008, Lund, Sweden.

[24] Thermolib (2016). http://www.thermolib.de/product/thermolib-if-97-academic-single-license/

[25] TUSOL (2016). Manual para el instalador y usuario. Datos de colector solar C2.5SOL. mhttp://www.tusol.eu/catalogos

[26] Tyagi, H., Phelan, P., & Prasher, R. (2009). Predicted efficiency of a low-temperature nanofluid-based direct absorption solar collector. Journal of Solar Energy Engineering, 131(4), 041004.